—零碳能源科普丛书—

探索氢能的奥秘

总 策 划　李连江　苗　青

丛书主编　宋登元　彭志红

本册主编　陈爱兵　袁庆国

主编单位　河北省凤凰谷零碳发展研究院

　　　　　北京师范大学保定实验学校

参编单位　河北科技大学

　　　　　新特能源股份有限公司

　　　　　天津市可再生能源学会

　　　　　天津港保税区氢能发展促进中心

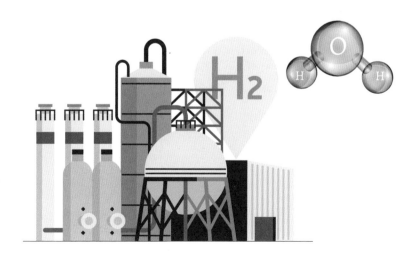

河北大学出版社·保定

—零碳能源科普丛书—

探索氢能的奥秘

TANSUO QINGNENG DE AOMI

出 版 人：朱文富
选题策划：马　力
责任编辑：刘　婷
装帧设计：赵　谦
责任校对：牟　霖
责任印制：常　凯

图书在版编目（CIP）数据

探索氢能的奥秘 ／ 陈爱兵，袁庆国主编 . —— 保定 ：河北大学出版社 ，2023.8
（零碳能源科普丛书 ／ 宋登元，彭志红主编）
ISBN 978-7-5666-2094-1

Ⅰ ①探… Ⅱ . ①陈… ②袁… Ⅲ . ①氢能-普及读物 Ⅳ . ① TK91-49
中国国家版本馆 CIP 数据核字 (2023) 第 010271 号

出版发行：河北大学出版社
　　　地址：河北省保定市七一东路2666号　邮编：071000
　　　电话：0312-5073019　0312-5073029
　　　网址：www.hbdxcbs.com
　　　邮箱：hbdxcbs818@163.com
印　　　刷：保定市正大印刷有限公司
幅面尺寸：185 mm×260 mm
字　　数：69千字
印　　张：6
版　　次：2023年8月第1版
印　　次：2023年8月第1次印刷
书　　号：ISBN 978-7-5666-2094-1
定　　价：29.80 元

如发现印装质量问题，影响阅读，请与本社联系。
电话：0312-5073023

编委会

序一

　　人类社会不断发展进步，同时在现代化进程中也面临着世界性的能源枯竭、气候变暖、环境污染等严峻问题。习近平同志在党的二十大报告中指出：大自然是人类赖以生存发展的基本条件。尊重自然、顺应自然、保护自然，是全面建设社会主义现代化国家的内在要求。必须牢固树立和践行绿水青山就是金山银山的理念，站在人与自然和谐共生的高度谋划发展。

　　中国提出"2030 年碳达峰，2060 年碳中和"的目标，并致力通过新能源技术、自然碳汇模式、节能减排等形式，中和温室气体排放量，达到相对"零排放"目标。

　　氢能是全球能源向可持续发展转型的主要路径之一，是能源技术的前沿领域，是支撑可再生能源规模化发展、构建以可再生能源为主的综合能源供给体系的重要载体。加快发展氢能产业，是应对全球气候变化、保障国家能源供应安全和实现可持续发展的战略选择，是构建"清洁低碳，安全高效"能源体系、推动能源供给侧结构改革的重要举措，是贯彻落实党的二十大精神、探索以能源变革带动区域高质量发展的重要实践。

北京师范大学保定实验学校、河北省凤凰谷零碳发展研究院、河北科技大学联合编纂的"零碳能源科普丛书"，通过通俗易懂的文字和生动有趣的插图，结合物理、化学、生物、地理、自然等学科知识，向广大少年儿童介绍太阳能、氢能、风能、生物质能、地热能等零碳能源的开发、利用情况，以及此类能源在人类社会发展过程中的重要作用。

"零碳能源科普丛书"由《探索风能的奥秘》《探索太阳能的奥秘》《探索氢能的奥秘》等若干分册组成。书中以深入浅出的语言和富有探究性的问题，寓趣味性、知识性、科学性于一体，让孩子们在阅读中更多地接触零碳能源科技成果和相关知识，旨在唤醒孩子们热爱自然、热爱科学的意识，启迪孩子们的智慧，提升孩子们对科学探究的热情，激发孩子们探索新能源领域科学的理想和潜能。可以预期，这对引导全社会传递绿色环保生态理念，加快推进我国生态文明建设，促进经济社会与生态环境的可持续发展，推动形成人与自然和谐发展现代化建设新格局，建设美丽中国，以及为人类进步做出中国贡献都具有重要的意义。

（北京师范大学教育学部高等教育研究院名誉院长,教授,博士生导师）

序二

　　河北省凤凰谷零碳发展研究院、北京师范大学保定实验学校、河北科技大学等单位共同策划并组织编写了"零碳能源科普丛书"。我在可再生能源领域从业五十余载，一直致力于推动新能源与可再生能源科技产业的发展，我认为这是一件有价值、有意义、有情怀的好事情。

　　国家主席习近平在第七十五届联合国大会一般性辩论上的讲话中宣布："中国将提高国家自主贡献力度，采取更加有力的政策和措施，二氧化碳排放力争于2030年前达到峰值，努力争取2060年前实现碳中和。"未来我们将付出艰苦卓绝的努力，而高比例使用可再生能源将成为必由之路。氢能作为可再生能源的主力军，为实现"3060"双碳目标注入强大绿色动力，对于进一步构建绿色城市发展体系、打造绿色低碳工业体系、在乡村振兴战略背景下因地制宜推动农村绿色经济发展、为我国经济社会绿色转型提供助力，全面推动能源消费革命。

　　在可再生能源的科学普及工作中，科研机构、教育机构、社会组织以及科技企业需要共同投身到科普教育领域，要走在前面。"零碳能源科普丛书"的编写充分调动了科研机构、学校等社会力量，为公众全面地普及新能源与可再生能源知识提供了良好的学习素材。教育决定着国家的未来，青少年是未来社会发展的主力军。科普教育，不只在书本与课堂，希望广大教育工作者和科技工作者将绿色发展的理念、人与自然和谐共生的愿景、科学治理环境的精神、携手面对生态挑战的追求渗透在青少年的日常教育中，让青少年成为未来可再生能源的倡导者和使用者。

　　功在当代，利在千秋。让子孙后代"能遥望星空、看见青山、闻到花香"，是习近平总书记绿色发展理念的美好愿景。"零碳能源科普丛书"的第三本科普读物《探索氢能的奥秘》即将与大家见面了！期望每一位编者"不忘初心，以人为本"，坚守严谨、求实、高效和前瞻的原则，在新能源与可再生能源发展的科普和实践中，不断总结经验、坚持真理、修正错误，进一步完善"零碳能源科普丛书"的内容，努力扩大影响力，为中国新能源与可再生能源发展贡献力量，也为实现中华民族伟大复兴的中国梦增添一抹亮丽的色彩。

（国务院原参事，中国可再生能源学会原理事长）

序三

　　氢占宇宙质量的 75%，人类生活的地球表面 71% 被海水所覆盖，利用太阳能从海水中提取出氢气，氢气燃烧所提供的热量将是地球上所有化石燃料所能产生热量的 9000 倍。氢气燃烧后又将回归于水，从而为人类的永续发展提供绵延不绝的洁净能源。

　　自从发现氢气以来，氢气主要作为化工原料和工业气体使用，直到 20 世纪 70 年代，第一次石油危机爆发后，人们为寻找新的替代燃料，将目光聚焦到了氢气，氢能和氢能经济应运而生。近年来，随着全球气候变暖和化石能源日益枯竭，氢能越来越凸显出其不可替代的重要性，受到全球的高度重视，美国、欧盟、日本和韩国已将氢能发展提升至国家战略层面。氢能作为来源广泛、应用多样的清洁型二次能源，将通过氢电互补成为以新能源为主体的现代能源体系的重要支撑，是实现 2060 碳中和不可或缺的重要利器。

　　近年来，我国氢能发展进入快车道，氢能已被纳入国家能源体系之中，国家《氢能产业中长期规划（2021—2035 年）》已正式发布，40 多个省市和地区制定了氢能发展规划。目前，我国已成为世界氢能产业发展的热土，已有 1/3 的央企入局氢能领域，氢能企业已 2000 余家，部分国际氢能知名企业也将其产业基地移至我国。我国氢能汽车和加氢站保有量已位居世界前列，可再生能源制氢、氢储能、绿氢化工、氢冶金等示范项目层出不穷，氢能核心技术不断突破，氢能产业链已逐步成形。

但在氢能产业发展过程中，我们也时常碰到一些人谈氢色变，对氢能安全顾虑重重，氢能的经济性和在一些应用场景下的能效性也时常受到质疑，这些固有观念对氢能产业的发展将造成一定影响。因此，提高社会公众对氢能产业的认知度，形成有利于氢能产业发展的社会氛围，尤为重要。零碳发展研究院和北京师范大学保定实验学校主编的适用于中小学生的"零碳能源科普丛书"，将氢能纳入其中，恰逢其时。作为一个从业多年的氢能工作者甚感欣慰，非常感谢零碳研究院、河北大学出版社和编写专家团队对于推广氢能、普及氢能所做出的努力。相信《探索氢能的奥秘》的面世，将为氢能知识在少年儿童中的普及发挥重要作用。

"少年兴则中国兴"，少年儿童代表着祖国的未来，氢能源产业作为一个新兴的能源产业，其最终的发展还将依赖于现在的少年儿童。《探索氢能的奥秘》作为氢能领域的启蒙图书，希望有更多的少年儿童能喜欢它，并因它而爱上氢能，成为氢能产业后续发展的生力军，成为共绘我国氢能蓝图的践行者。

（中国可再生能源学会氢能专委会主任，教授级高工，博士生导师）

前言

　　随着社会经济的迅猛发展，全球面临着能源短缺、气候变暖、冰川融化、海平面上升、生物灭绝等能源和环境问题。因此，发展风能、太阳能、氢能、生物质能、水能、地热能等零碳能源是实现可持续发展的必由之路。为了加快能源科研成果和节能低碳理念在广大中小学生中的传播，努力让科学研究和科学传播并蒂开花，编写青少年能源科普读物、组织中小学生开展科普活动是教育工作者和科技工作者义不容辞的责任和义务。

　　氢能作为未来国家能源体系的重要组成部分，是用能终端实现绿色低碳转型的重要载体，氢能产业将是战略性新兴产业和未来产业重点发展方向。近年来氢能产业发展十分迅速，特别是作为二次能源，氢能具有来源多样、终端零排、用途广泛等多重优势，在保障国家能源安全、改善大气环境质量、推进能源产业升级等方面具有重要意义。随着技术日趋成熟、成本大幅下降，氢能产业正迎来快速发展的战略机遇期。随着氢能领域的快速发展，在培养制氢、储氢及运氢等领域人才的同时，迫切需要在中小学普及氢能应用知识。为提升中小学生对氢能制备、储存、运输方面知识的兴趣，激发中小学生未来在我国新能源领域进行科学研究的理想，河北省凤凰谷零碳发展研究院、北京师范大学保定实验学校、河北科技大学、新特能源、天津市可再生能源学会等单位充分发挥各自优势，本着让更多孩子认识、了解零碳能源，传递绿色环保理念的愿景，联合编写了面向中小学生的"零碳能源科普丛书"——《探索氢能的奥秘》。

《探索氢能的奥秘》是一本面向中小学生的氢能领域科普读物。她以最前沿和权威的氢能领域相关知识和数据为基础，通过生动的文字和有趣的插图，向读者介绍了氢能的产生，氢的储存、运输及氢能的广泛应用，形成一部成体系、全方位、深入介绍氢能领域知识的科普读物。

《探索氢能的奥秘》旨在普及新能源知识、倡导节能减排理念，图文并茂，兼具知识性与趣味性，科学概念准确，构思科学，结构合理，使读者能够全面地了解氢能相关的科学原理，适合所有对环境保护感兴趣的读者阅读。

另外，由于编者水平和知识有限，书中难免有疏漏的地方，希望广大读者多多批评指正。

编委会

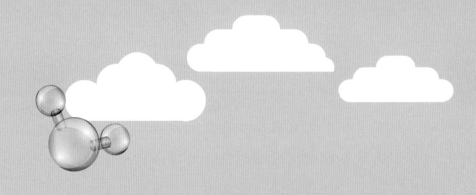

人物介绍

嗨，大家好。我是氢能小卫士，很高兴认识大家。我很小很轻，但我的能量很大，我的伙伴遍布整个宇宙。我们可以拉动汽车，带动火车，推动火箭。接下来，让我们一起来探索氢能的奥秘吧。

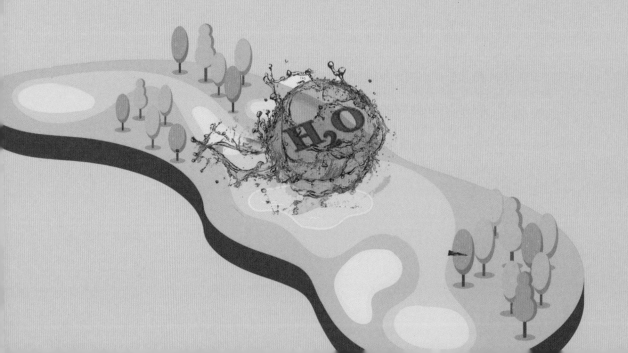

目录

第三章 "十八般武艺"样样精通——氢能

第一章
初识氢能小卫士

 导读

　　人类社会的发展史也是能源利用的发展史，人类社会紧随着能源利用的发展而进步。氢能是一种来源广泛、清洁无碳、灵活高效、应用场景丰富的二次能源。发展氢能产业，是我国推动绿色发展、促进人与自然和谐共生的重要部署。本书所说的氢能是指目前或可以预见的将来，人类社会可以通过某种途径获得的，并且能够以工业规模加以利用的储藏在氢中的能量。

　　大多数人对氢能是感到陌生的，然而它不是新生事物。在很早以前，人们就发现了氢气，而对氢气的利用也早已渗透到人们的生产生活中。下面我们一起揭开氢的神秘面纱！

1 神秘的氢气

? 想一想

大家小时候都喜欢拿着五颜六色的气球玩，那么有没有注意过悬挂广告条幅的大型氢气球呢？氢气球为什么可以飞起来，而氢气又是什么呢？接下来我们就一起来探究一下吧！

氢气球

氢气

我们的世界是由许多的基本成分组成的，我们将这些基本成分称为"元素"。而本书的主角——氢，是宇宙中最古老、最轻、最丰富的元素。由氢元素组成的氢气是最轻的气体，它的"体重"

还不到空气的十四分之一。同时，氢气也是一种易燃易爆的气体。从氢气走进了人类的视野，到现在氢气有着越来越广泛的应用，人们对氢气的探索持续了将近 500 年。

 ## 氢气的特征

 **想一想**

如果我们松开一个充满氢气的气球，会发生什么呢？如果我们向装满水的集气瓶中通入氢气，又会产生什么现象呢？

 **实验展示**

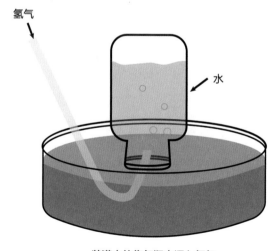

氢气

水

装满水的集气瓶中通入氢气

根据生活常识我们知道，被松开的氢气球会飞向天空，而集气瓶中会开始冒气泡。那么，这些现象分别说明了什么呢？

 **实验结论**

氢气球会飞向天空说明氢气的密度比空气小，集气瓶中有气泡产生说明氢气很难在水中溶解。

 **思考与讨论**

氢气还有哪些物理性质呢？下面我们就来探究一下。

氢气是非常难液化的气体。在标准大气压下，氢气在约 $-252\ ℃$ 会液化为无色液体，这个温度是氢气的正常沸点。

氢气渗透性很强。常温下，氢气可透过橡皮管和乳胶管。氢气球隔夜会瘪，就是因为氢气能钻过橡胶上人眼看不见的小细孔。氢气在高温下可透过钯、镍等金属薄膜。

氢气传导热量的能力好。氢气传导热的能力是空气的 7 倍。

氢气还是良好的传音介质。在标准状态下，声音在空气中的传播速度是每秒 340 米，而声音在氢气中的传播速度约为每秒 1270 米。因此，如果我们呼吸的是氢气，语音会发生明显的改变。潜水员在水下呼吸氢气和氧气的混合气体，语音也因此发生变化。

氢气的形态

氢气可以气态、液态、固态三种状态存在。一般情况下，氢气以气态的形式存在。下面，我们主要介绍液态氢及固态氢的特性。

液态氢

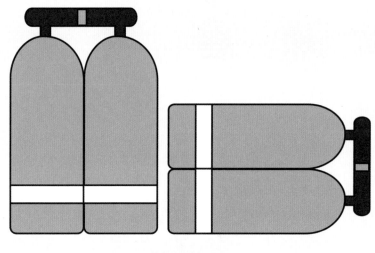

装有液态氢的气瓶

在一定条件下，气态氢可以变成液态氢。氢气作为燃料或能量载体时，液态氢是其较好的使用和储存方式之一。氢气的转化温度很低，最高约为－252 ℃。

液态氢主要用作燃料，但是存在一些缺点：密度小；蒸发速度快；在储箱中晃动易引起状态不稳定。为了克服液态氢的缺点，科学家在液态氢中加入胶凝剂，制备了凝胶液氢，即"胶氢"。"胶氢"像液态氢一样呈流动状态，但又有较大的密度。

固态氢

固态氢具有许多特殊的性能，所以固态氢是科学家追求的目标。那么，如何才能得到固态氢呢？

固态氢

将氢气冷却到约－259 ℃时，就得到白色固态氢。

固态氢的用途主要有：

1. 做冷却剂

固态氢在特殊制冷方面可以发挥作用。有一些特殊的仪器需要在极低的温度下才能正常运行，固态氢的升华能够使仪器保持－267 ℃（接近绝对零度）的低温状态。因此，固态氢可以用作特殊仪器的冷却剂。

2. 做燃料

金属氢是液态氢或固态氢在上百万个标准大气压的高压下变成的导电体。金属氢的导电性类似金属，故称金属氢。物理学家指出，金属氢可能是一种高温超导材料。

科学家们正在研究一种使用固态氢的宇宙飞船。固态氢既作为飞船的结构材料，又作为飞船的动力燃料。在飞行期间，飞船上所有的用固态氢制成的非重要零件都可以转化为能源被消耗掉。这样，飞船在宇宙中的飞行时间会更长。

3. 做高能炸药

氢气是一种易燃气体，被压缩成固态时，它的爆炸威力相当于普通炸药的50倍。目前，还没有人在实验室里制成过这种固态氢。

氢气的燃烧

 **想一想**

在常温下，氢气很稳定，不容易跟其他物质发生化学反应。但是，氢气是可以燃烧的，甚至还会引起爆炸。大家想一想，这是为什么呢？

实验展示

1. 氢气验纯实验

在试管中收集纯净的氢气，用大拇指堵住试管口靠近火焰，移开大拇指后观察现象。接着再拿一个装有不纯氢气的试管用同样的方法来实验，观察实验现象。

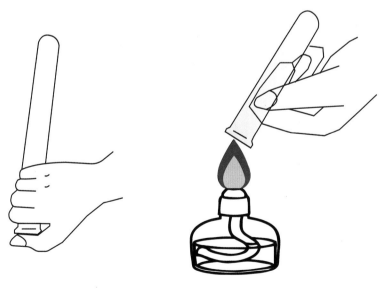

氢气验纯实验

2. 氢气燃烧实验

在导管口点燃纯净的氢气，观察火焰的颜色。然后，在火焰上方罩一个干冷的小烧杯，过一会儿观察烧杯内壁有什么变化。

氢气

氢气燃烧实验

点燃纯净氢气（淡蓝色火焰）

实验结论

检验氢气纯度时，用大拇指堵住集满氢气的试管口，靠近火焰，移开拇指点火，如果发出尖锐的爆鸣声，表明氢气不纯；如果声音很小，表明氢气纯净。在点燃氢气前一定要检验纯度，不纯的氢气被点燃极易发生爆炸。

纯净的氢气在空气中安静地燃烧，产生淡蓝色的火焰，放出大量的热。干冷的烧杯内壁有水珠生成，说明氢气燃烧生成水。

知识拓展

氢气具有安全性

氢气无毒，无腐蚀性，具有很高的安全性。安全性是个相对概念，和空气相比，氢气的安全性更高。例如，吸入 8 个标准大气压高压空气会产生严重的氮气麻醉，但是吸入 8 个标准大气压氢气则不会有麻醉现象。从这个角度讲，氢气比空气的安全性高。因此，科学家们把氢气用到医疗事业中。

我国著名的医学专家徐克成教授将利用吸氢机吸氢作为治疗肿瘤的辅助疗法，取得了不俗的成果。此外，徐克成教授还总结了吸氢对治疗癌症起到的作用以及氢气控癌的主要原理。

吸氢机

2 氢气的发现

我们了解了氢气的一些基本性质后，不禁好奇，氢气是怎么来的？又是谁发现了氢呢？

16 世纪，瑞士著名医生帕拉塞斯发现，铁屑与酸接触时会产生一种气体。他说："把铁屑投到硫酸里，就会产生气泡，像旋风一样腾空而起。"他还发现，这种气体可以燃烧。但由于他当时的工作繁多，没有时间和精力去做进一步的研究。就这样，一个世纪过去了，人们也没能准确地认识到氢气的存在。到了 17 世纪，比利时著名的医疗化学派学者海尔蒙特发现了氢气。他通过研究发现，氢气在空气中可燃，但其本身并不能支持燃烧。但在当时，人们认为不管什么气体都不可能单独存在，既无法收集，也不能进行测量。海尔蒙特也不例外，所以他很快就放弃了研究。

最先把氢气收集起来并认真研究的是英国的化学家卡文迪许。在一次实验过程中，他不小心将一个铁片掉进了盐酸中，当他正在为自己的粗心而懊恼不已时，却发现盐酸溶液中产生了很多气泡。这种现象一下子吸引了他，他努力地思考这种气泡是来自哪里，是来自铁片，还是原本就存在于盐酸中呢？为了解开疑惑，他进行了多次实验，把一定量的锌和铁投到充足的稀盐酸和稀硫酸中（每次用的稀盐酸和稀硫酸的浓度是不同的）。结果发现，所产生的气体的量是固定不变的。这说明这种新的气体的产生与所用酸的种类没有关系，与酸的浓度也没有关系。

随后，卡文迪许用排水法收集了新气体。经过一系列实验后他发现，这种气体不能支持蜡烛燃烧，也不能供给动物呼吸，但如果把它和空气混合在一起后，一遇到火星就会发生爆炸。经过多次实验后，他终于发现了这种新气体与空气混合后发生爆炸的极限比例是 4.0% ～ 75.6%。

1766 年，卡文迪许向英国皇家学会提交了一篇名为《人造空气实验》的研究报告，在报告中他讲述了用铁、锌等与稀硫酸、稀盐酸反应制得"易燃空气"（即氢气），并用普利斯特里发明的排水集气法把它们收集起来并进行研究的过程。卡文迪许认为这种气体是从金属中分解出来的，而不是来自酸。于是，他通过实验来测定这种气体的质量：先用天平称出金属和装有酸的烧瓶的质量，然后将金属投入酸中，用排水集气法把产生的气体收集起来，并测出体积，然后再称量发生反应后烧瓶以及烧瓶内装物的总质量。他测定出了氢气的密度是空气的十四分之一。

后来，法国化学家拉瓦锡重复了卡文迪许的实验，并用红热的枪筒分解了水蒸气，明确提出结论：水是氢和氧的化合物。从此，纠正了 2000 多年来一直把水当作元素的错误概念。1787 年，拉瓦锡正式提出，"氢"是一种元素，因为氢气燃烧后的产物是水。

3　形影不离的氢

 地球上的含氢物质

氢元素在大自然中分布很广，是地壳中第十位丰富的元素。除空气中含有的氢气外，氢元素主要是以化合物水的形式存在。水的成分中 11% 是氢，而水在地球上是大量存在的。地球表面约 70% 被水覆盖，海洋的总体积约为 13 亿立方千米，若把其中的氢提炼出来，这些氢所能产生的热量非常大，相当于地球上化石燃料所能产生热量的 9000 倍。因此可以说，氢能是"取之不尽，用之不竭"的能源。如果能用合适的方法从水中制取氢气，那么氢能将成为人类的理想能源。

按质量计算，氢的含量在地壳中占 1%，在泥土中约为 1.5%。石油、天然气、动植物体中也含氢。氢还以游离气态分子的形式分布在地球的大气层中，但地表空气中氢分布的数量很少，约占空气总体积的二百万分之一。地球大气圈含氢量随大气层高度的上升而增加。

化合物水

 空间中的氢

　　宇宙中最丰富的元素是氢元素，太阳系中也是如此。据计算，氢元素占太阳及其行星物质总量的 92%，占原子质量的 74%。此外，在木星和土星的大气圈中也发现少量氢。宇宙中很多巨大的行星是由冰层围绕着核心组成的，有些行星是由高度压缩的氢组成的。

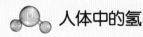 人体中的氢

人体的组成元素有几十种，其中氧、碳、氢、氮、钙、磷、钾、硫、钠、氯、镁 11 种元素占人体质量的 99.9%。氢元素约占人体质量的 10%。人体内的氢气由肠道菌群发酵膳食纤维获取能量时释放出来。如果食物结构合理、菌群结构合理的话，人体每天可以产生超过 15 升氢气。氢气溶于水后，是非常好的抗氧化剂，可以自由进出细胞，到达细胞内有超氧自由基的部位就会发生抗氧化反应，清除自由基。这应该是氢气发挥"神奇"生物学效应的基本机制。

随着年龄的增长，人体清除自由基的能力不断下降。所以，我们需要增强对自由基的防御能力，减少自由基对身体造成的危害，及时对受损细胞、衰老细胞进行有效治疗，使受损细胞得到恢复，使衰老细胞得到激活，这样人体才有真正意义上的健康和年轻态。

 知识拓展

超氧自由基

超氧自由基亦称过氧自由基，是人体内产生的一种活性氧自由基，能引发人体内脂质过氧化，加快从皮肤到内部器官整个肌体的衰老过程，并可诱发皮肤病变、心血管疾病、癌症等，严重危害人体健康。

第二章
氢能的产生及储运

 导读

　　要实现氢能的大规模应用，使氢能能够高效、安全地走向产业化，必须攻克三个关键技术难点问题，即氢气的制取、储存运输和使用。其中，最关键的就是氢气的制取。如果没有高效制取氢气的方法，氢能产业也就无从谈起。下面，我们一起来了解氢气的制取方法，以及氢气是如何安全储存、运输的。

1 制氢的几个重要理由

氢被发现后，人们开始逐步探索氢气的性质、特点、用途。氢气作为一种燃料使用时，只产生水，不会向大气中释放二氧化碳，因此氢气可以作为低碳燃料用于取暖、季节性能源储存和远距离能源运输。氢能是指通过燃烧氢气而获得的能源，它是一种零污染、零排放、高能量的二次清洁能源，被誉为21世纪的"终极能源"。氢燃料电池、氢燃料电池汽车、氢燃料电池列车等都是氢能应用的

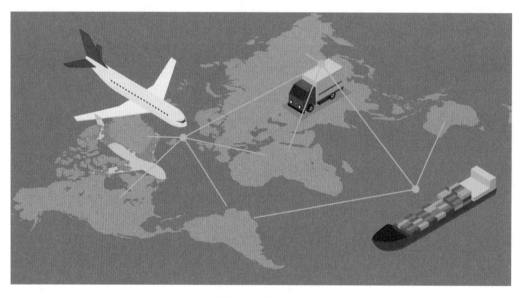

氢能在生活中的应用案例

成功案例。

　　从氢元素的发现，到氢气、氢能的认识和应用，历经漫长的过程才有了如今的成就。为什么氢能可以成为科学家们研究新能源的对象？又是什么样的动力促使氢能在工业应用中快速发展呢？

 能源短缺

　　当今社会，人类的各种活动都离不开能源的使用，可以说能源是人类社会赖以生存和发展的重要物质基础。什么是能源呢？简单来讲，能源指的是在自然界中可以直接得到或经过加工、转换而取得有用能的各种资源，如光、电、热等。清洁型能源，即绿色能源，

清洁型能源的应用案例

指不排放污染物、能够直接用于生产生活的能源，它包括核能、风能、太阳能、氢能等。而在使用过程中排放大量温室气体、有害气体或产生污染环境的液体、固体废弃物的能源，称为污染型能源，如煤炭、石油等。由于经济的快速发展，能源消耗量增加，能源短缺问题日益严重。

 ## 能源消耗给环境带来的危害

能源消耗量增加引起能源危机，而能源危机不仅指能源短缺，与它相伴而生的还有环境污染。人类肆无忌惮燃烧化石燃料，已经把数十亿吨的污染物（如二氧化硫、一氧化碳、烟尘等）排放到大气中，导致大气污染、形成酸雨和引发温室效应。例如，雾霾就是化石燃料使用造成的环境问题。

化石燃料燃烧造成的环境污染

能源危机带来的影响不仅表现在环境污染中，它还影响到了地球上所有生物的安全，对人类的可持续发展更是造成严重威胁。

 可持续发展的要求

可持续发展要求发展环境友好型产业，降低能源和物质消耗，保护和修复生态环境，发展循环经济和低碳技术，使经济社会与自然协调发展。坚持可持续发展理念，必须坚持节约资源和保护环境的基本国策，坚定不移走生产生活富裕、生态良好的文明发展道路，建设人与自然和谐共生的现代化。

 能源革命

为应对能源危机，建设人与自然和谐共生的现代化，需要开启

深化能源革命建设。新一轮的能源革命，是在能源生产环节实现清洁化并逐步用清洁型能源替代污染型能源。

目前广泛应用的清洁型能源有氢能、风能、太阳能、核能等。这其中，可以通过燃烧形式释放能量的能源是氢能。目前所知燃料中释放能量效率最高的就是氢气，同时氢气还具备清洁、可持续的优势，因此发展氢能极有可能成为能源革命的终极之路。

要实现氢能利用的普及，氢气的高效制备是研究的前提。

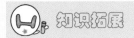
知识拓展

一次能源和二次能源

一次能源是指在自然界中天然存在的能源，即天然能源，如煤、石油、天然气、风能、水能、太阳能等。二次能源是指利用一次能源来产生或制取的能源，如燃煤制取的电能等。

污染型能源和清洁型能源

根据能源消耗后是否造成环境污染，能源还可分为污染型能源和清洁型能源。煤、石油、天然气等都属于污染型能源，水能、太阳能、风能、氢能等都属于清洁型能源。下页图中分别展示了风能、潮汐能、太阳能、地热能等清洁型能源的应用场景。

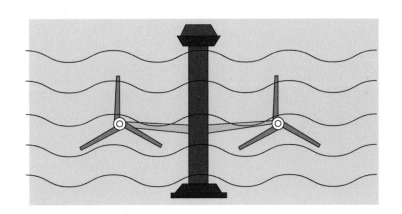

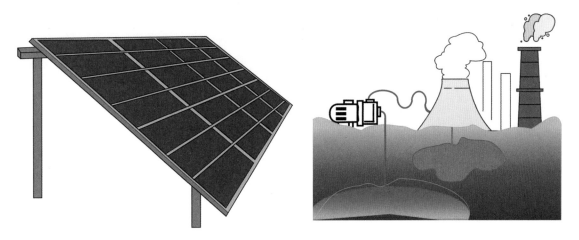

四种清洁型能源的利用

思考与讨论

以煤、石油、天然气为主的能源利用时期，虽然创造了经济发展的"黄金时代"，但是在能源带来经济发展、科技进步等福利的同时，随之而来的还有能源短缺、能源争夺、环境污染等挑战。如果化石能源按照目前的速度投入使用，最多还可以支持200至300年的时间。这类能源消耗殆尽后，人类要如何发展呢？

2　经典的制氢实验

 想一想

在这个多姿多彩的世界中，我们可以看到茂盛的树叶，可以听到喳喳的鸟叫声，能够欣赏五彩缤纷的烟花……，但是，氢能这种能源对我们来说却是一个神奇的存在，我们看不着它，摸不到它，听不见它。那么，氢是什么样子的呢？如何才能得到氢呢？

接下来，让我们一起从氢气来认识氢吧！

 神奇的"水"

在我们赖以生存的地球上，有海洋水、湖泊水、河流水、地下水、生物水等各种形态的水。地球上水资源的分布是非常广泛的，而水中氢元素的含量非常丰富，因此水成为开发氢源的重要物质。

利用水制取氢气的过程，实际上是氢气与氧气燃烧生成水反应的逆过程，因此我们只需提供一定形式的能量，即可将水分解。电解水制备氢气是一种成熟的制氢工艺，早在18世纪人们就已经开始使用这种方法获取氢气，到目前为止已有几百年的历史。在漫长的时间里，电解水的实验也在不断地完善。让我们一起来了解一下电

解水实验的相关内容吧！

电解水实验的发展历程

电解水实验萌芽于提出"法拉第电磁感应定律"的迈克尔·法拉第总结出的法拉第电解理论，但当时法拉第并不知道电解理论有什么实质性的用途。日本学者诹访方季后来应用法拉第电解理论开展了电解水实验的研究。他从水、电之间的关系开始研究，1931年开展了电解碱性离子水对动植物影响的研究，1952年开发出了自己的电解水技术。此后，电解水技术经过多次改良，被应用到农业、医疗领域，它的作用原理也是在这一时期在各位科学家的研究中逐渐明确的。

2015年起，我国微酸性电解水技术进入快速发展期。同时，国内也兴起了很多优秀的制氢公司，从事制氢及氢能源开发、高能化学、变频节能等专业研究。电解水的应用从食品、医疗和农业扩展到公共卫生、畜牧养殖等行业，应用领域还在不断扩展当中。接下来，让我们一起学习经典的电解水制取氢气的实验吧！

实验展示

实验用品：两支试管，一节电池，两个电极，一个水槽，若干导线，一个开关，一盒火柴，两根木条，少量氢氧化钠溶液，胶头滴管。

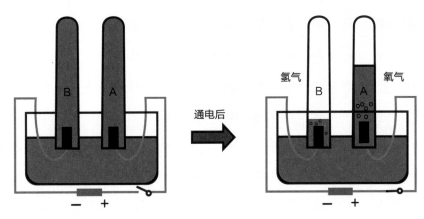

通电后

电解水实验装置图

在水槽中放入适量的水，用胶头滴管向水中加入几滴氢氧化钠溶液。将装满水的两支试管和电极、电池、开关用导线连接并做好标记，阳极试管记为 A，阴极试管记为 B，试管口向下放入水槽，通电一段时间后，观察两支试管内液面的变化。

通电一段时间后，我们观察到两支试管中都有气泡生成，两支试管内液面下降程度各不相同，A 试管液面下降的幅度小于 B 试管。根据"水是由氢元素和氧元素组成的"，我们得出试管内产生的气体为氢气和氧气。那么，如何区分这两支试管内生成的气体呢？

切断电源，分别收集两支试管内的气体，在试管 A 和试管 B 的试管口分别放置点燃的木条，发现试管 A 处的木条烧得更旺盛了，而试管 B 处的木条产生了淡蓝色的火焰并伴有轻微的爆鸣声。我们根据氧气助燃和氢气易爆炸的特点，从而得出：试管 A 中收集的气体是氧气，试管 B 中收集的气体是氢气。

探索氢能的奥秘

 **实验结论**

通过这个简单的小实验，我们可以得出这样一个结论：水在通电的条件下，产生了氢气和氧气。

思考与讨论

常见的金属可以与一些酸发生反应生成氢气，电解水可以制取氢气，你知道还有哪些物质可以生成氢气吗？请大家查阅相关资料，一起交流分享。

3　走向成熟的电解水制氢

当人类陶醉于日益丰富的物质文明时，也发现化石能源逐渐匮乏，使用化石能源带来的环境污染已经令人难以容忍。然而，实验中我们发现，作为清洁型能源的氢能，使用传统方法获得的过程又无法脱离化石能源的利用，很难经济、有效地解决碳排放的问题。但是，清洁型能源用于电解水制氢就能够有效地解决这些问题，所以要建设氢能社会，最理想的制氢方法是清洁型能源用于电解水制氢。

 ## 电解水制氢的应用

全世界大约只有 4% 的氢是通过电解水制取的，电解水制氢的特点决定了其生产一般只在电价较低或需要纯净氢气的情况适用。这样生产的氢气主要用作化工原料，如用于合成氨，制作人造黄油、润滑剂等，很少用作能源载体。

目前，电解水工艺、设备均在不断改进，我国某研究所研发的加压水电解制氢装置已生产销售 1000 多套，累计产值超 30 亿元，用户遍及全国各地，产品出口销往欧洲、中东、南亚、非洲、东北亚等地区。

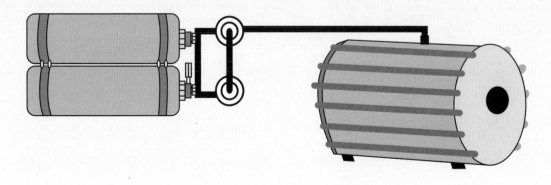

我国某研究所研发的加压水电解制氢装置简图

 清洁型能源是电解水制氢的好帮手

　　氢能作为清洁型能源，将其他清洁型能源和电能连接在一起，进而创造出一种清洁、无污染的能源结构。通过清洁型能源提供能量，为电解水制氢提供了一个新的思路：利用太阳能、风能、水能等清洁型能源发电，把电能以化学能的形式储存起来，然后用于电解水制氢。

　　以太阳能电解水制氢为例。将太阳能通过光伏电池转化为电能，再利用电能通过电解槽电解水可获得氢气。

　　利用清洁型能源电解水制氢的应用场景主要包括两个：

　　第一个是自给供电的小型电解槽系统。这种系统既可以用于固定式发电，也可用于移动式燃料电池电源设备。例如，可用于住房、电信基站或铁路道口用电供给，电源功率较低，随时可用。第二个应用场景是没有电网区域的大型可再生能源发电厂。

太阳能发电

 加氢站的简单介绍

同济－新源加氢站是我国首座利用风光互补发电制氢的加氢站，它的特点是：既可以通过光伏发电来电解水制氢，也可以通过风力

同济－新源加氢站

发电来电解水制氢。这座加氢站展示了我国运用清洁型能源现场制氢的技术，成为我国向世界展示氢能领域与燃料电池汽车领域先进技术的窗口。

 知识拓展

"灰氢""蓝氢"和"绿氢"

世界能源理事会将用化石能源制取的氢气称为"灰氢"。除了灰氢，还有蓝氢和绿氢。如果能把制取灰氢过程中产生的二氧化碳捕集、利用和封存，这样灰氢就会变成"蓝氢"。如果用清洁型能源制取的清洁电来电解水，得到的氢则完全脱离了碳排放，则称其为"绿氢"。目前，灰氢一家独大，蓝氢开发程度较低，绿氢比例最小。使用化石能源制取灰氢，再去替代化石能源，这种模式可谓"多此一举"，不仅浪费资金，在物质转化过程中还会造成大量能量损失和污染物排放。2020 年 9 月，我国正式提出"二氧化碳排放力争于 2030 年前达到峰值，努力争取 2060 年前实现碳中和"，这意味着节能减排、清洁能源利用将成为未来中国发展之路上的重要一环。

甲醇水蒸气重整制氢

甲醇水蒸气重整技术和天然气水蒸气重整技术类似。甲醇水蒸气重整技术是指，甲醇在空气、水和催化剂存在的条件下，温度为 250 ℃至 330 ℃时，进行自热重整。甲醇水蒸气重整，理论上能够获得的氢气浓度为 75%。另外，甲醇非常易于储存和运输，非常适用于分布式、可移动的小型制氢装置制氢。于是，就有人提出构想，是

否可以在氢燃料电池汽车上安装上这样的制氢设备，这样就可以一边制氢，一边将氢送至燃料电池进行发电。这样的系统相较于传统的氢燃料电池汽车的储氢罐，在储存、运输、加注上更有优势。现在，甲醇重整制氢燃料电池技术得到广泛应用，如公交车、物流车、大巴车等交通领域都有应用。

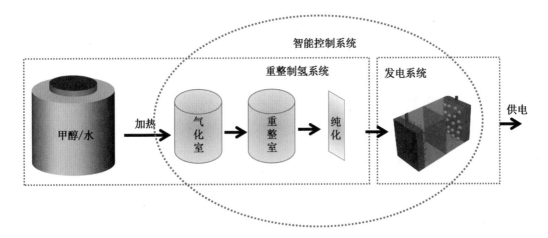

甲醇水蒸气重整制氢燃料电池系统

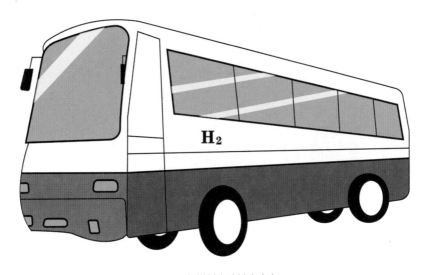

氢燃料电池城市客车

4 气态氢、液态氢的储存

想一想

如何使氢气体积变小？

氢气作为一种气体，体积非常大，维持普通轿车的续航里程大约需要在车里储存4千克氢气。如果我们将氢气作为汽车的燃料，可以直接把这么多氢气储存在车上吗？当然不可以！我们如果想这样利用氢气，需要先解决的问题就是如何减小氢气的体积，从而方便存储。

下面，我们一起了解一下气态氢、液态氢的储存方法吧！

氢燃料电池汽车

储存气态氢

大家已经了解到氢气的密度很小，如果我们想利用气态储氢方式尽可能储存更多的氢气，就需要采用高压的方法将氢气进行压缩。简单来说，就是将氢气经过多级压缩后装在一个比氢气原体积小很多的容器内，如装在高压钢瓶内。

常见的高压钢瓶，瓶内气压非常大，一个 40 升的高压钢瓶能够储存 0.5 千克的氢气。为了保证高压钢瓶在使用过程中的安全，通常高压钢瓶的厚度比较大，因此高压钢瓶也比较重，一个高压钢瓶的质量约为 45 千克。

高压钢瓶

高压钢瓶的储氢重量只占总重量的 1.1%。大家觉得这样的储氢量够不够大呢？显然这种方式的效率是非常低的。因此，我们需要通过提高容器的压力使高压钢瓶储存更多的氢气。如果将这样的普通钢制储氢气罐用于移动储氢系统，会增加运输成本。因此，这类储罐仅适用于固定式、小储量的氢气储存，远不能满足车载系统要求。

氢燃料电池汽车

目前我们见到的氢燃料电池汽车用的氢气就是采用高压储氢罐实现氢气存储的。

储存液态氢

任何一种气体都有它的临界温度，高于临界温度时不能液化，只有低于临界温度才能液化。－239.96 ℃是氢气的临界温度，高于－239.96 ℃，无论加多大的压力氢气也不会变成液体。

那么，下面给大家介绍的就是低温液态储氢方式。低温液态储氢技术，是利用氢气在高压、低温的条件下变成液态的原理，将液

液氢储罐

氢存放在绝热容器中。在恒定低温下，液氢就可以一直保持这种状态。液态氢的输送效率高于气态氢，因此液氢储存特别适用于储存空间有限的场合。

那么，液态氢可以用于哪些地方呢？液态氢可作航天飞机和运载火箭的燃料，在航天工业中具有重要作用。液氢除了供应火箭发动机试验场和火箭发射基地使用外，还供应给大学和研究所等机构使用。

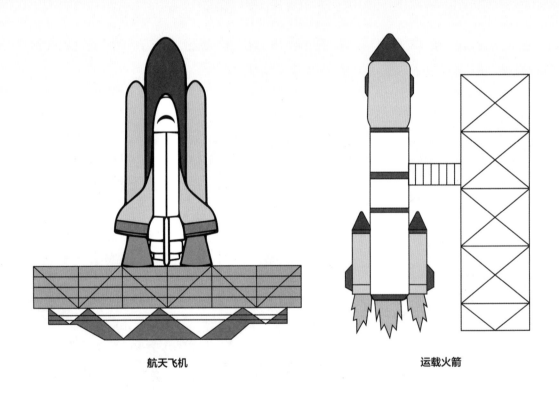

航天飞机　　　　　　　　　　　　　运载火箭

将气态的氢气液化需要的温度极低，所以需要能将温度降至很低的制冷系统，这无疑会增加能量消耗和成本。温度降低后，需要

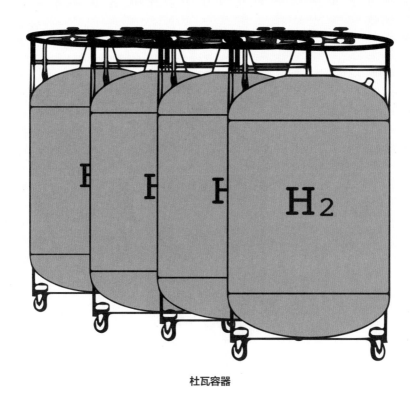

杜瓦容器

保持低温，这就用到维持低温的容器。下面就给大家介绍一种可以维持低温的容器——杜瓦容器。

杜瓦容器是 1892 年由法国科学家杜瓦首先提出并制成的，它是一种由双层壁构成的容器。大家可以想象一下，我们冬天用的保温杯，它具有双层结构，由内胆和外壳构成。目前，杜瓦容器的设计和制造已经达到较高水平。即便如此，液氢的挥发也很难完全避免，所以通常不考虑用液氢大规模供氢。

除了杜瓦容器，还有一种绝热容器可用来储存液氢。它的间壁充满由二氧化硅制成的微珠，微珠是空心的，壁厚只有 1 至 5 微米，部分微珠上会镀一层 1 微米厚的铝。这种特殊的微珠可以隔绝热的

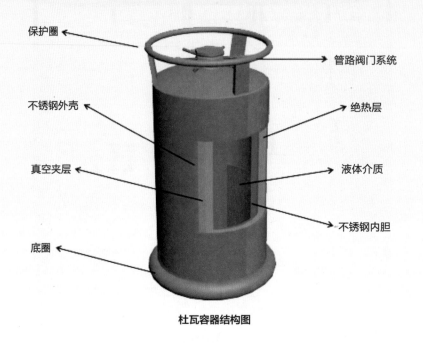

保护圈

管路阀门系统

不锈钢外壳

绝热层

真空夹层

液体介质

不锈钢内胆

底圈

杜瓦容器结构图

传递，达到绝热目的。这种绝热容器不需要抽真空，是一种比较理想的液氢储存容器。

储氢容器的安全性

相较于其他机械设备，低温容器的安全性对于储氢尤为重要。为保证低温容器可以安全可靠地工作，须在容器上设置超压泄放装置，常用的超压泄放装置有安全阀和爆破片。液氢储存的一个主要问题是无法长时间保存，因为不可避免的漏热会导致液氢汽化。氢

液氢加氢站

气由液态变成气态，压力罐内的气体增多，压力值就会变大。当压力增加到一定值时，必须启动安全阀排出氢气。

液态氢较气态氢，在装载量、装卸时间、储氢压力、占地面积等方面都有突出优势，所以提升氢能储运效率，发展液态氢具有必要性。液氢加氢站储氢量更大，占地面积更小，因此液氢具有综合优势，能为氢能发展提供有力的支撑。

目前，我国的加氢站多以示范为主，日均加氢量在300千克以下，氢气运输距离在200千米以内。

知识拓展

地下岩洞储氢

如果想要大量、长期储存氢气，我们也可以采用密封性良好的地下岩洞储氢。地下多孔岩洞、蓄水洞、盐洞很适合大量储存季节性用氢，其利用成本非常低。

地下岩洞

5　氢与金属的"亲密"结合

经过前面章节的学习，我们了解了气态氢、液态氢的储存方法，这些方法属于物理储氢。除了物理储氢还有化学储氢，那么什么是化学储氢呢？现在让我们带着这份好奇心，一起了解一下吧！

 储氢合金

储氢合金是一种新型合金，在一定温度和氢气压力下，能可逆（可以反向进行）地大量吸收、储存或释放氢气。储氢合金具有很强的储氢能力。由于储氢合金都是固体（既不需要储存高压氢气所用的较大的钢瓶，也没有存储液态氢那样极低的温度要求），储氢时合金与氢气反应生成金属氢化物并放出热量，用氢气时通过加热或减压的方式使储存于其中的氢气释放出来，因此使用储氢合金储存氢气是一种极其简便易行的理想储氢方法。

储氢合金由于体积储氢密度高、吸放氢速度快、不需要高压容器和隔热容器、无污染、安全可靠、可循环使用等优势，成为目前应用最为广泛的储氢方式之一，深受世界各国的重视。储氢合金的

新型稀土储氢合金电极材料

应用与开发已发展成为一个重要的研究领域，储氢合金在能源、宇航、化工、冶金、汽车、机电及轻纺等领域广泛应用，发展非常迅速。

储氢合金的"超能力"

储氢合金具有强大的本领，不仅具有储存氢气的功能，还能够用于采暖和制冷。炎热的夏天，太阳光照射在储氢合金上，在阳光的作用下，储氢合金会吸热放出氢气（放出的氢气可储存在氢气瓶里），因为吸热使周围空气温度降低，从而达到制冷的效果。寒冷的冬天，储氢合金又吸收夏天所储存的氢气，放出热量，这些热量就可以供应采暖了。

此外，储氢合金还可以用于提纯和回收氢气。利用储氢合金，能够将氢气提纯到很高的纯度，以很低的成本就可以获得纯度高于99.999%的超纯氢。

储氢合金应用技术的飞速发展，给氢气的利用开辟了一条广阔的道路。目前，我国已经研制成功一种氢能汽车，它使用90千克储氢材料就可以连续行驶40千米，时速超过50千米。

 储存氢气的"小房子"

金属氢化物储氢是一种通过金属与氢气反应生成金属氢化物将氢气储存和固定的技术。金属氢化物储氢，是使氢气与能够氢化的金属或合金相结合，以固体金属氢化物的形式将氢储存起来。金属是固体，密度较大，在一定的温度和压力下，能够氢化的金属像海绵吸水那样吸取大量的氢气。需要用氢气时，加热金属氢化物即可放出氢气。以金属氢化物的形式储存氢气，比压缩氢气和液化氢气两种方法方便得多。

金属氢化物储氢具有安全可靠、储氢能耗低、储存容量大（单位体积储氢密度大）、吸放氢过程简单、制备技术和工艺相对成熟等优点。此外，金属氢化物储氢还有将氢气纯化、压缩的功能。因此，金属氢化物是目前应用最为广泛的储氢材料。

目前，金属氢化物储氢装置仍存在一些有待解决的问题，如金

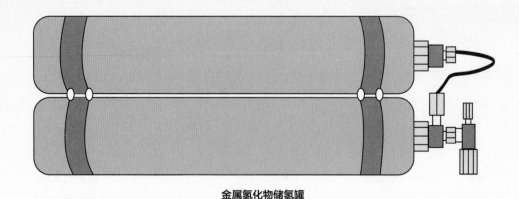

金属氢化物储氢罐

属氢化物粉末易流动，吸氢后体积膨胀，导致装置变形甚至损坏；金属氢化物粉末导热性差，使装置内部热传递缓慢，影响材料的吸、放氢速率。

知识拓展

　　储氢材料指能够储存氢的材料。从广义上讲，储氢材料的重要功能是能量储存、转换和输送，可以简单地理解为储氢材料是载能体或载氢体。有了这个载能体，就可以与氢"携手合作"，组成各种不同的载能体系。从狭义上讲，储氢材料是一种在适当条件下能够储存氢气的材料。这里所谓的储存，既包括通过吸附储存氢气，也包括通过与氢气发生化学反应生成某种物质储氢。氢气与储氢材料的组合，将是支持 21 世纪新能源——氢能的开发与利用的最佳搭档。

安全小知识：

在储氢安全处理方面，使用金属氢化物储氢罐有很多优势。例如，几乎所有的氢化金属都可以在正常压力下工作，不会有损耗；氢气主要通过加热被释放出来，所以即使金属罐被损坏，储存的氢气仍会维持不变。

思考与讨论

如果金属氢化物储氢质量效率能够有效提高的话，这种储氢方式将是很有希望的交通燃料的储存方式。那么，该技术的发展方向会是怎样的呢？

金属氢化物储氢使用起来也比较安全，但质量效率较低。该技术的发展方向主要是：开发更轻、更经济的金属材料；加快金属氢化物对氢气的充、放过程（使用催化剂可以显著加快反应速度）；减小因频繁充、放氢对储存系统造成的损害；可以考虑将金属氢化物和压缩储氢两种方式相结合，达到最佳的容积储存效率和质量储存效率。

6 如何安全运输氢气

 **想一想**

除了需要储存以外，氢气的运输也是氢能利用中不可缺少的一个环节。那么，已经储存好的氢气应该如何进行输送呢？让我们带着这一疑问，一起来探寻运输氢气的方法吧！

长管拖车运输氢气

长管拖车由动力车头、整车拖盘和管状储存容器三部分组成，其中储存容器是将多只（通常 6～10 只）大容积无缝高压钢瓶通过瓶身两端的支撑板固定在框架中构成，用于存放高压氢气。长管拖车运氢是国内最普遍的运氢方法。这种运氢方法在技术上已经相当成熟，但由于氢气密度很小，而储氢容器自身重量大，所以运输氢气的重量只占总运输重量的 1% 或 2%。因此，长管拖车运氢只适用于运输距离较近（运输半径 200 千米）和输送量较小的场景。

长管拖车运输设备产业在国内已经成熟。在制氢厂，一般通过压缩机给长管拖车加注氢气，平均每辆加注时间约 8 小时。河北海珀尔公司采用的高压储罐平衡充装方式大大缩短了车辆加注时间，仅 1.5 小时便可快速、安全完成单辆车的加注。

输送氢气的长管拖车

 管道运输氢气

　　氢气中短途运输的另一种方式是管道运输，采用这种方式主要是考虑运输距离和管道建设的成本。运输管道通常选址在陆地上，也有特殊的情况将管道铺设于海岸线以外。管道运输技术非常成熟，已经成功地应用于天然气的运输中，但是运输氢气要额外考虑小分子所引起的可接受的泄漏率问题。当前，用于天然气运输的管道在强压下难以实现氢气的运输。这是因为，在管道的连接处，氢气的扩散损失大约是天然气的 3 倍。因此，运输氢气的管道还需要技术上的改进。

　　低压管道运氢属于大规模、长距离的运氢方式。由于氢气需在低压状态下运输，因此相比高压运氢能耗低。低压管道运氢其管道建设的初始投资较大。我国的输氢管道主要分布在环渤海湾、长三角等地，目前已知的有一定规模的管道项目有两个：济源—洛阳管

线（25千米）及巴陵—长岭管线（42千米）。河南省济源市工业园区至洛阳市吉利区建成了氢气管道，该管道为管径508毫米的无缝钢管，全长25千米，年输氢量10.04万吨，是我国目前管径最大、输量最高的氢气管道。

输氢管道

 槽罐车、船运输液氢

液氢生产厂距离用户较远时，一般把液氢装在专用低温绝热槽罐内，放在卡车或船舶上运输。低温铁路槽罐车也可运输液氢，低温铁路槽罐车运氢是长距离运输液氢的一种快速且经济的方法。

液氢槽罐车的槽罐容量大约为65立方米，每次可净运输约4吨液氢，相较于运输气态氢大大提高了运输效率，适合大批量、远距离的运输。但其缺点是，储存、输送过程均有一定的蒸发损耗。目前，国内液氢槽罐车运输仅用于航天及军事领域。

大型驳船也能用于输送液氢。驳船上装载有容量很大的储存液氢的容器——低温绝热罐，其液氢储存容量可达 1000 立方米。

液氢低温槽罐车

输送液氢的大型重驳船

 管道运输液氢

液氢除可采用车船运输，还可用专门的液氢管道输送。液氢是一种低温的液体，其储存的容器及输液管道都需要有高度的绝热性能。液氢管道一般只适用于短距离输送。目前，液氢输送管道主要用在火箭发射场内。在火箭发射场内，常需从液氢生产场所或大型储氢罐输送液氢至火箭发动机，此时就必须借助液氢管道来进行输配。

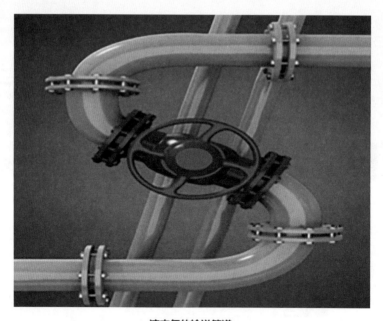

液态氢的输送管道

 知识拓展

氢脆

氢脆是指溶于钢中的氢造成钢的应力集中，超过钢的强度极限，导致在钢内部形成的细小裂纹（又称白点）。氢脆只可防，不可治。氢脆一经产生，就消除不了。在材料的冶炼过程和零件的制造与装配过程中（如电镀、焊接），进入钢材内部的微量氢会在内部残余的或外加的应力作用下导致材料脆化甚至开裂。

氢脆图

安全小知识：

在当今工业环境中，氢气的储运和使用技术已经比较成熟，行业内已具备完善的安全作业标准。为了确保安全性，在利用钢瓶储存和运输氢气过程中要注意以下几个方面：

①不能与接触后可引起燃烧、爆炸的气体储存的气瓶（如氧气瓶）同车搬运或同存一处，也不能与其他易燃易爆物品混合存放。

②气瓶瓶体有缺陷、安全附件不全或已损坏、不能保证安全使用的，切不可再充装气体，应送交有关单位检查，合格后方可使用。

③运输时运输车辆应配备相应品种和数量的消防器材。

④夏季应早、晚运输，防止阳光曝晒。

⑤运输途中停留时，应远离火种、热源。公路运输时，要按规定路线行驶，勿在居民区和人口稠密区停留。

⑥操作人员工作前避免饮用含有酒精的饮料，工作现场禁止吸烟。

除此之外，在运送氢气的时候还要注意：采用钢瓶运输时，必须戴好钢瓶上的安全帽。钢瓶一般平放，并应将瓶口朝同一方向，不可交叉；高度不得超过车辆的防护栏板，应用三角木垫卡牢，防止滚动。装运车辆排气管必须配备阻火装置，禁止使用易产生火花的机械设备和工具装卸。

第三章
"十八般武艺"样样精通
——氢能

 导读

　　能源利用贯穿人类的发展历史。从古人将柴薪用于日常生活，到具备更多优势的煤炭取代柴薪，再到石油成为主要能源，人类对于能源的应用发生了两次重大的变革，而能源的革命也体现出社会的进步和发展。人类在第一次工业革命后开始大规模使用机器代替人力劳作，正是有蒸汽机作为动力装置引领潮流，人类社会才能够进入"蒸汽时代"。随着能源的变革，科技发展更是日新月异，为人类生产生活带来便利的同时，也带来了许多令人棘手的问题。

　　氢气在燃烧后生成水，对环境不会造成污染，这是氢能的巨大优势。同时，氢气可以通过电解水源源不断地制造出来，取之不尽用之不竭。因此，我们将氢能归属为未来能源。氢能的应用对21世纪人类的发展具有极其重要的影响。

　　让我们一起来看看人类是怎样利用氢能来造福社会的吧！

1　氢能的应用

人类的发展离不开能源，电是现代社会应用最多最不可或缺的能源形式。氢能是人类永恒的能源，来源广泛，对环境无污染。氢能发电是近年来非常热门也是各国科学家正在致力研究的一项技术，其实质是将氢气的化学能转化为电能。

 氢能的主要应用

1. 电力方面

氢能的发展可以有助实现清洁能源体系的整合。在传统能源能力不足或是需求高峰时期，氢气成为清洁能源的来源，可用于发电，起到脱碳的作用。

2. 供暖方面

氢气可以和天然气混合使用，所以氢能是未来少数能与天然气竞争的低碳能源之一。通过与天然气混合（低百分比的氢气可以安全地混合到现有的天然气网络中），无须对原有的基础设备进行多少调整，就能提供灵活连续的热能、电能。在现有天然气管道中掺入氢气，在满足建筑领域供热需求的同时可以减少碳排放。现在实施的低比例掺氢，投资成本较低，若按混合比例为 5% 计算，每年可减少约 20 万吨二氧化碳排放。

3. 氢能冶金

目前，国内多个大型钢企都在推进氢炼钢生产线改造和建设，就已有高炉富氢工艺对现有高炉进行改造，或者建设气基还原工厂，进行氢能炼钢，在生产钢铁产品的同时实现碳减排。

例如，临沂的纯氢冶金技术开发中试建设项目，采用中国钢研自主研发并具有自主知识产权的纯氢冶金等技术和装备，定位于建成国际领先的钢铁冶金绿色化、高端化技术创新和成果转化基地，协同构建"基础研究—技术创新—中试研发—成果转化"纯氢冶金全产业链新技术创新体系，形成基于纯氢冶金的绿色冶炼整体解决方案。项目建成后，相比传统高炉—转炉流程，生产每吨粗钢的二氧化碳减排量达 87%。

临沂的纯氢冶金技术设备

4. 氢能在航空航天领域的应用

航空业每年排放 9 亿吨以上的二氧化碳，氢能利用是发展低碳航空的主要途径。氢能在飞机上的应用有以下四种途径：直接在燃气轮机中作为燃料燃烧；通过燃料电池用于推进或非推进能源系统；用于燃料电池和燃气轮机的混合动力组合；用于氢基合成燃料。

全球已将氢能作为未来清洁能源的一个技术制高点，开展了全面开发计划。目前，各国的技术差距不大。预计在 2035 年前后，各种氢能动力系统及氢能飞机将迎来快速发展阶段，支线、干线和中型的氢能飞机将可能有众多机型投入市场，我国已将氢能纳入能源体系，大幅发展氢能产业链。

氢燃料电池

"氢"在我国实现"双碳"目标过程中扮演着关键角色。氢燃料电池是以氢气为燃料，通过电化学反应将燃料中的化学能直接转变为电能的发电装置，具有能量转换效率高、零排放、无噪声等优点，相应技术进步可推动氢气制备、储藏、运输等技术体系的发展升级。氢燃料电池技术有望大规模应用在汽车、便携式发电和固定发电站等领域，也是航空航天飞行器、船舶推进系统的重要技术备选方案。

氢燃料电池的工作原理是电解水的逆反应，把氢气和氧气分别供给电池阳极和阴极，氢气通过阳极向外扩散和电解质发生反应后放出电子，电子通过外部的负载到达阴极，形成能量并将能量储存起来。

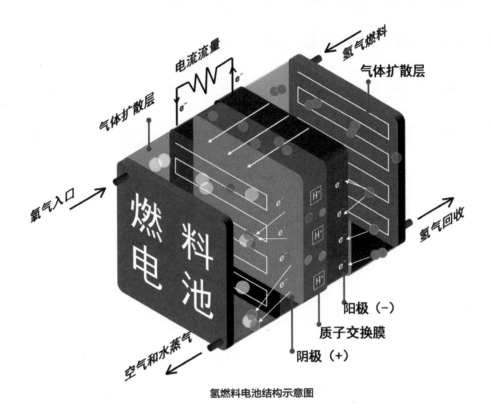

电流流量

e⁻

气体扩散层

氢气燃料

气体扩散层

氧气入口

燃料电池

氢气回收

H⁺

e⁻

H⁺

阳极（-）

空气和水蒸气

质子交换膜

阴极（+）

氢燃料电池结构示意图

氢燃料电池的特点

1. 零碳且原料来源广泛

氢是宇宙中最丰富的元素，氢能是一种零碳能源，非常适用于满足我们未来对热电联供的零碳需求。

2. 无污染

氢燃料电池对环境无污染，它是通过电化学反应获得能量，反应后只会产生水和热，对于大气不会造成污染。如果氢气是通过清洁型能源获得的，那么整个过程就是彻底不产生有害物质排放的过程。

3. 比化石燃料更强大、更节能

氢燃料电池技术提供了具有良好能源效率的高密度能源。按重

量计算，氢的能量含量是常见燃料中最高的。高压气态氢的重量能量密度约为液化天然气的 3 倍，体积能量密度与天然气相似。

4. 高效率

氢燃料电池可以直接将化学能转化为电能，不需要经过热能和机械能（发电机）的中间变换，因此它的发电效率可以超过 50%。

5. 无噪声

氢燃料电池运行过程安静，噪声大约只有 55 分贝，相当于人们正常交谈的声音大小。这使得氢燃料电池适于室内安装，或是在室外对噪声有限制的地方使用。

6. 使用时间长

氢燃料电池有较长的使用寿命。氢燃料电池汽车的续航里程与使用化石燃料的汽车相同；与其他电动汽车相比，氢燃料电池汽车不受外界温度的显著影响，不会在寒冷天气中减少里程。

氢燃料电池组件系统

氢燃料电池组件系统主要是由电堆、氢气供给循环系统、空气供给系统、水热管理系统、电控系统和数据采集系统组成。

1. 电堆

多个单体电池以串联方式层叠组合，将双极板与膜电极交替叠合，各单体之间嵌入密封件，经前后端板压紧后用螺杆紧固拴牢，即构成燃料电池电堆。电堆工作时，氢气和氧气分别由进口引入，经电堆气体主通道分配至各单电池的双极板，经双极板导流均匀分

水氧板　密封垫　膜电极　密封垫　氢板　密封垫

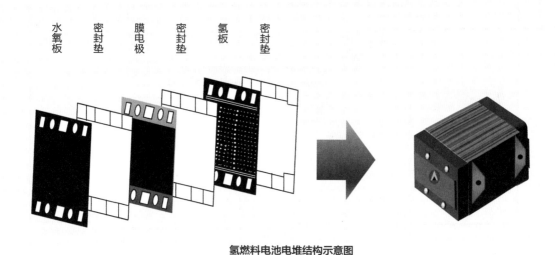

氢燃料电池电堆结构示意图

配至电极，通过电极支撑体与催化剂接触进行电化学反应。

2. 氢气供给循环系统

氢气供给循环系统是氢燃料电池组件系统的核心子系统之一，起着为燃料电池组件系统提供稳定流量和压力的氢气，实现燃料电池内部水平衡管理的作用。氢燃料电池组件系统在实际运行过程中，阳极侧的氢气一直处于过量状态，同时阴极侧产生的水也会一直向阳极渗透。因此，电池阳极侧过量氢气的循环和水的管理对燃料电池的性能起着至关重要的作用。一方面，如果氢气直排会造成氢气浪费且存在安全隐患，而氢气反复循环又会造成杂质积累降低氢气纯度。另一方面，阳极含水量过高和过低都会影响燃料电池的性能和寿命，含水量过低会导致质子交换膜过干，影响质子的传输；而阳极水分过多会影响氢气在阳极的扩散，造成水淹，引起局部"氢饥饿"。因此，通过对氢气供给循环系统进行研究与优化，可以提高燃料电池的氢气利用率，优化燃料电池阳极的水管理，提高燃料

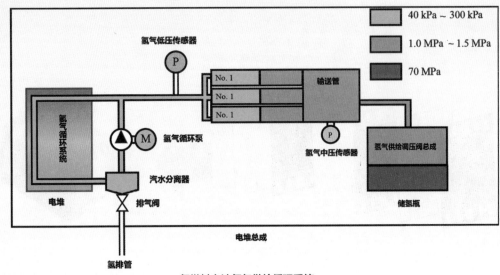

氢燃料电池氢气供给循环系统

电池的性能和寿命。

3. 空气供给系统

氢燃料电池组件系统的空气供给系统由空气计量装置（空气流量传感器或进气压力传感器）、怠速阀、补充空气阀、惯性增压进

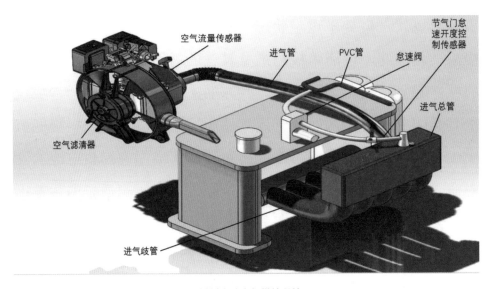

氢燃料电池空气供给系统

气系统、节气门怠速开度控制传感器、进气温度传感器等组成。空气供给系统能够供给与发动机负荷相适应的清洁空气，直接和间接计量空气质量，使空气与喷油器喷出的汽油形成最佳混合气。

4. 水热管理系统

氢燃料电池组件系统的水热管理系统，通过控制流经电堆的冷却液流量控制电堆的温度。本质上来讲，燃料电池的水管理和热管理是密不可分的。因为电堆内的水含量也与电堆温度有关，温度会改变饱和水蒸气压力，进而影响电堆内水蒸气的含量，所以通过水热管理系统可以同时影响系统内的水平衡与热平衡。一个典型的燃料电池冷却液循环回路主要包含水泵、节温器、去离子器、中冷器、水暖 PTC、散热器及冷却管路。

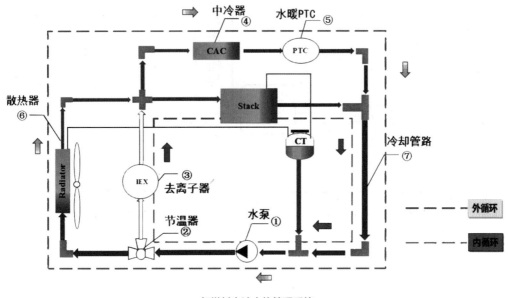

氢燃料电池水热管理系统

水管理的核心任务是使膜电极中具有合理的水含量，以保证氢离子能够良好地在质子膜中传导。如果质子膜内的水含量较少，会导致质子传导受阻，极易引发膜干涸现象；但是电堆内的水又不能过多，否则又容易造成阴极淹没，导致反应气的传输受阻。

5. 电控系统

电控系统是指由若干电气原件组合，用于实现对某个或某些对象的控制，保证被控设备安全、可靠地运行的装置。电控系统的主要功能有自动控制、保护、监视和测量。氢燃料电池电控系统主要由传感器、控制单元、执行器组成，核心部件是控制单元。

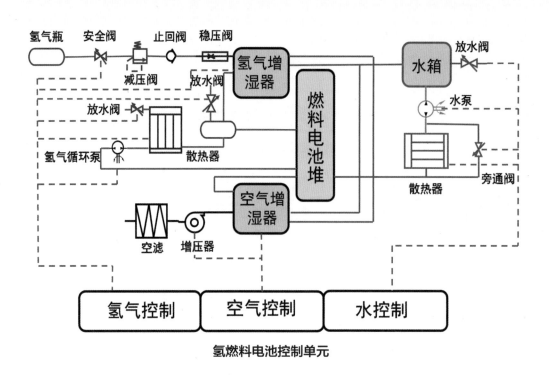

氢燃料电池控制单元

氢燃料电池电控系统核心部分

6. 数据采集系统

数据采集系统主要是指数据采集器。通过数据采集系统，可以时刻监控氢燃料电池运行的各种参数及状态，及时对各项参数进行数据分析处理，并针对参数异常情况实时报警、记录。

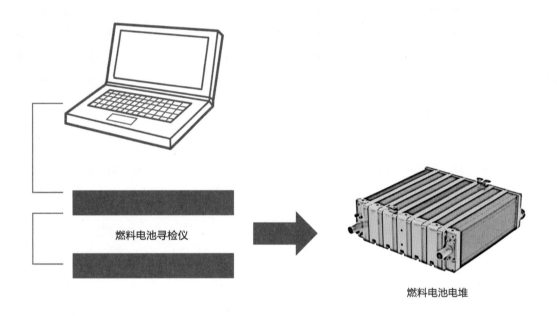

燃料电池寻检仪

燃料电池电堆

氢燃料电池数据采集系统

2　氢能小卫士的陆地之旅

 想一想

通过前面的学习，我们了解到氢燃料电池是具有诸多优势的新型发电设备。那么这一新型环保型设备对我们的生活又会产生哪些影响呢？如今越来越多的人选择新能源汽车作为代步工具，未来新能源汽车必将成为人们生产生活中不可或缺的一部分。那么氢燃料电池是否可以作为汽车的动力装置，开发氢燃料电池是否可以生产出性能更加优越的新能源汽车呢？让我们一起来了解一下吧！

氢燃料电池汽车

燃料电池汽车就像它的名字一样，是通过燃料电池发电作为驱动能源的电动汽车。

氢燃料电池汽车的"电池"是氢氧混合燃料电池。虽然氢燃料电池汽车也是电动汽车，但是它不同于普通电动汽车（需要充电的时间比较长）。氢燃料电池汽车可以像汽车加油一样在短时间内补充燃料，即补充氢气。车载燃料电池装置所使用的燃料是高纯度氢气或含氢燃料经过重整得到的高含氢重整气体。在动力方面，不同于电动汽车所用的电力来自电网充电的蓄电池，氢燃料电池汽车用的电力来自

氢燃料电池汽车

车载燃料电池装置。

1. 氢燃料电池汽车的工作原理

接下来让我们一起了解一下氢燃料电池汽车的工作原理吧！

作为燃料的氢气，在汽车搭载的燃料电池中，与空气中的氧气发生"碰撞"，这种"碰撞"属于氧化还原化学反应的一种。碰撞过程中产生能量，这种能量可以驱动电动机，使电动机带动汽车的机械传动结构工作，进而带动其他相关结构工作，从而驱动汽车前进。

氢燃料电池汽车的氢燃料能通过几种途径进行供给：有些车辆直接携带着纯氢燃料；有些车辆装有燃料重整器，能将其他燃料转化为富含氢的气体。单个的燃料电池必须结合成燃料电池组才能为汽车提供必需的动力，满足车辆使用的要求。

2. 氢燃料电池汽车的相对安全性

在开放空间里，储氢罐具有很高的压力承受能力，大大降低了因碰撞导致的氢气泄漏的风险；同时，氢气的性质使得其具有很大的浮力，泄漏后在空气中可以很快地扩散，大大降低了泄漏后着火的风险。所以，在开放空间，氢燃料电池汽车的安全性要好于天然气汽车或汽油汽车。

但是，氢燃料电池汽车在密闭空间内会有较高的潜在风险。氢气泄漏不会产生异味且燃烧的火焰不易被发现，所以氢燃料电池内需要添加对燃料电池无害的气味剂和火焰增强剂，从而在发生泄漏时起到示警的作用。

氢能源有轨电车

节假日大家跟着家长、老师出去旅游，有没有坐过有轨电车呢？

如今，氢燃料电池技术在有轨电车领域也得到广泛的应用。事实上，随着氢燃料电池技术的相关研究趋于成熟，该技术在许多领域的应用都取得了良好的效果。在前面我们已经了解了氢燃料电池车这一概念，相较于普通电池车而言，氢燃料电池车可以像燃油车加油那样在短时间内补充燃料，也就是加氢气；相较于燃油车而言，氢燃料电池车更加清洁环保。正是因为具备无污染、能量转换率高、噪声低以及能够在低温环境下快速启动等诸多优势，氢燃料电池技术被推广应用到有轨电车上。

在"碳达峰、碳中和"的大背景下，我国在氢能领域不断以科

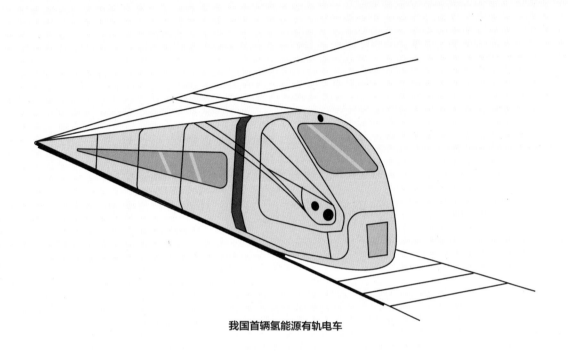

我国首辆氢能源有轨电车

技自立自强为引领，紧扣全球新一轮科技革命和产业变革发展趋势，不断加强氢能产业创新体系建设，加快突破氢能核心技术和关键材料瓶颈，取得了一定成果。例如，2017年10月26日，氢能源（燃料电池）有轨电车在河北省唐山市开展示范运营；2019年12月1日，氢能源有轨电车在广东省佛山市高明区上线载客开跑，正式开始商业运营。

 加氢站

 想一想

通过前面的学习，我们了解了利用氢能发电的方式以及氢能的一些相关应用，是不是很有趣呢？正如我们所见，越来越多的氢燃料电池

车进入到我们的生活当中，如氢燃料电池汽车、氢燃料电池有轨电车等。

汽车需要加油才能行驶，那么氢燃料电池是如何实现中途补给的呢？根据氢能电池应用的市场需要，越来越多的城市都建设了加氢站，就像我们在路旁看到的加油站一样。加油站是通过给汽车加油来实现燃料补给，而加氢站则是通过给氢燃料电池车加氢来实现燃料的补给。在氢能发展和利用的大趋势下，建设加氢站实现氢能源的充装是必不可少的一环。

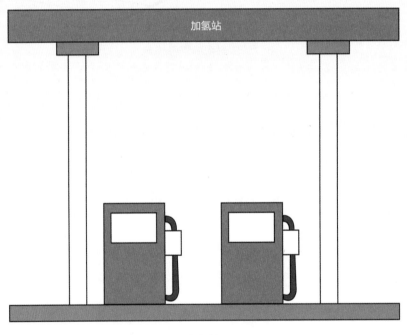

加氢站

1. 加氢站的类别

根据氢气的来源不同，加氢站可分为站外制氢加氢站和站内制氢加氢站。

站外制氢加氢站是通过专门的制氢工厂集中生产氢气，然后将氢气运输到加氢站存储起来以供使用的，和普通加油站相似。

站内制氢加氢站则是在加氢站内配备了制氢系统，站内制得的氢气经纯化、压缩后，进行存储、加注。这样可以省去较高的氢气运输费用，但增加了加氢站系统建设难度。因为氢气是按照危化品管理的，这就要求加氢站只能设在化工园区，所以目前尚未有站内制氢加氢站得到实际应用。

加氢站根据站内氢气储存相态的不同，可分为气氢加氢站和液氢加氢站。相对于气氢加氢站，液氢加氢站占地面积小，储存量更大，能够满足较大规模加氢需求。

接下来，让我们一起来认识一下加氢站的核心设备吧！

2. 加氢站的组成系统

增压系统：增压系统通过压缩机增压将氢气储存到储气装置中。

储氢系统：加氢站内的氢气存储系统。

加氢系统：加氢系统的功能是实现氢的加注，由高压管道和加氢机组成，通过管道输送氢气，由加氢机将氢气注入汽车中。大家可以想象一下，汽车在加油站加油的场景，这与加氢场景是类似的。

氢能发电站

氢能是人类永恒的能源，来源广泛，并且转化为电能的过程中产物主要是水，不会像化石燃料一样造成污染。当前，燃料电池技术的发展日新月异，氢能的应用前景也越来越广泛。毫无疑问，氢能将成为 21 世纪最重要的清洁能源之一。

那么，这是否意味着氢能发电能够应用于发电厂，实现大规模的电能转化呢？

我们已经知道，生产氢气的效率比较低，如用太阳能、水能等清洁型能源发电来电解水制取氢气，效率约为 70%，而氢燃料电池发电的效率约为 50%。这意味着，能量从电能转化到氢能，再由氢能转化为电能的整体效率很低，过程中损失了很大一部分能量。那么，这是否意味着氢能发电的经济性很低，不具备实际应用的条件呢？

恰恰相反！

氢气可以在自然能源充足时利用自然能源转化的电能来制取，然后通过合适的设备和操作方式进行储存。

在第二章中我们已经学到了利用化石燃料转化的电能制取氢气的方法，虽然成本较低，但是化石燃料转化为电能时产生的大量温室气体二氧化碳也随着反应生成。而利用太阳能、水能等转化的电能来电解水制氢，无污染并且效果很好。随着清洁型能源利用技术的发展进步，制氢的成本已经大大降低，并且已经可以大规模投产使用。例如，新疆、甘肃、内蒙古等地风力发电已经取得了很大的成果，对太阳能的利用也同样获得了很大的发展，这些蓬勃发展的新能源技术为大规模氢能发电的实际应用提供了条件。

知识拓展

随着人类生活水平的不断提高，开发更为清洁、环保、便利的新型能源势在必行。作为目前公认的清洁型能源，氢能的应用符合科学发展观要求。

　　现在，普通电动汽车发展面临的最大问题就是续航能力弱且充电时间长，相比之下，新型氢燃料电池汽车加氢时间短且续航能力较强，这使其在新能源汽车领域具有很大的发展前景。目前，我国已经具有氢燃料电池汽车整车生产的能力，但我国氢燃料电池汽车主要应用在商用车方面，还未能全面推广。

3 氢能小卫士的水上之旅

前面我们了解到氢能发电在陆地上的诸多应用。那么，氢能发电在水上有哪些应用呢？接下来，让我们一起去看一看，氢能小卫士是如何在水上大显神通的吧。

氢动力船

航运比其他交通方式要求更长的运行时间，需要更多的能量。氢燃料电池虽然续航能力不及传统动力系统，但氢燃料电池在船舶中的应用更经济、更安全。相比天然气、汽油等燃料，氢气有更大的浮力、更快的扩散速度和挥发性。在空气流动的开放式空间中，泄漏的氢气会快速扩散开，而不会聚集在一起。船舶的氢燃料电池舱是设置有舱门和通风口的相对封闭空间，所以船舶应用氢燃料电池比较安全。正因如此，氢动力成为提高船舶续航能力的重要选择。

目前，已经有适合海事应用的氢燃料电池系统，船舶能源系统和车载系统混合运行，能够从海水中制取氢气，为航行提供动力。

水路交通载运工具绿色化是水运行业的未来发展趋势。从中长期来看，氢、氨等零碳燃料应用将是实现水路交通载运工具零排放

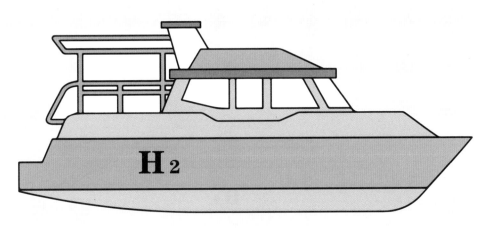

氢动力船

的重要途径。氢动力船舶基于燃料电池的氢能应用模式，兼顾能源高效利用、零排放，可以适应未来绿色船舶市场需求，具有广阔的应用前景。

使用氢及氢基燃料是航运业碳减排及脱碳的良好解决方案，这类燃料应用范围将随着燃料应用技术的成熟、配套设施的完善而逐步扩大。氢动力船舶通常用于湖泊、内河、近海等场景，以客船、渡船、内河货船、拖轮等类型为主；海上工程船、海上滚装船、超级游艇等大型氢动力船舶研制是当前的国际趋势。潜艇采用氢燃料电池动力系统同样具有良好前景。

我国前期研制了"天翔1号"氢动力实验船，但船型、功率均较小。随着陆上新能源汽车产业的蓬勃发展，氢燃料电池技术快速成熟，为我国氢动力船舶发展提供了良好的机遇。2021年下水的"蠡湖"号游艇、"仙湖1号"游船，氢燃料电池功率分别为70千瓦、30千瓦；正在研制中的"绿色珠江号"内河货船、"三峡氢舟1号"公务船，氢燃料电池功率达到500千瓦级。尽管如此，国内船型与国际先进产

品相比仍存在一定差距，同时我国氢动力船舶的系统集成技术尚未完全成熟，需要进一步提升技术水平。

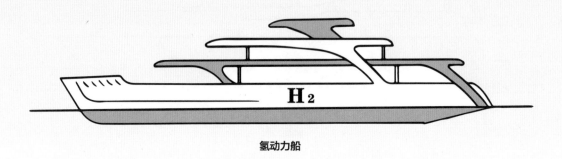

氢动力船

　　常规船舶采用船舶柴油机作为推进系统，以燃用轻柴油、重柴油为主，部分船舶采用柴油发电机的电力推进系统，能源结构相对单一。因此，船舶供能形式的多样化是船舶发展趋势之一。国际上，相关产品有"Energy Observer"游艇，它搭载了光伏发电系统、风力发电系统、锂电池系统、海水淡化系统、PEM 电解水制氢系统、PEMFC 系统等。另外，日本的超级生态船（NYK Super Eco-ship）设计方案中，动力系统是采用 LNG 燃料电池、太阳能电池、风力助推等。

　　在船舶能源供给趋于多样化的形势下，多种供能系统之间的协同控制技术日益显现出重要性。未来，氢动力船舶的动力系统将涉及燃料电池、蓄电池（或超级电容）、变流装置、推进电机等设备，这就需要利用多能源协同控制技术来进行各类设备之间的优化匹配与协同控制，保障动力系统的安全性、可靠性、经济性。

 氢驳船

现在，一些公司已着手开发一种多用途驳船，为大型船舶提供绿色氢气和电力，以减少港口的排放。法国氢能源公司（HDF Energy）开发了 ELEMANTA H_2 项目，计划为集装箱船、游轮和油轮部署移动式绿色氢气加注装置。

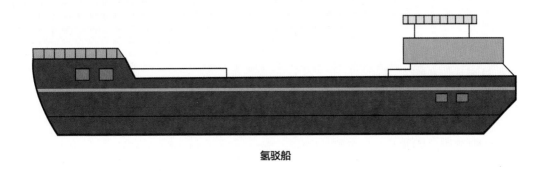

氢驳船

知识拓展

海上风电制氢，就是利用海上风力发出的电，通过电解水制氢设备制氢。氢气制得后，再将其运输至用氢地。具体的过程表现为：风力发电—电解水制氢—氢储运—行业应用。

思考与讨论

大家想一想，氢能在海上的应用还有哪些呢？

4 氢能小卫士的太空之旅

大家是不是在电视上看到过火箭升空？那一刻，大家的心情一定非常激动。那么，大家有没有思考过火箭是如何升空的呢？我们现在认识的氢能是否能为火箭提供动力呢？

氢能源火箭

玩具烟花火箭

古时候，人们将火药装在纸筒里，然后点燃发射出去，这是最原始的"火箭"，也就是现在的烟花。明代有一个叫万户的人，他在椅子上绑上47个"火箭"，自己坐在椅子上手举两只大风筝，然后点燃"火箭"发射。他是想利用"火箭"的推动力使自己升空，不幸的是"火箭"爆炸了，万户在科学探索的道路上献出了生命。

中国人对于航天的梦想一直都在延续，如今我们已经取得了很大的成功。

1970年，中国的第一颗人造地球卫星"东方红一号"在酒泉发射成功，"东方红一号"的成功发射标志着中国成为世界上第五个能够独立研制并发射人造卫星的国家。

1975年，中国首颗返回式卫星发射成功，标志着中国成为世界上第三个掌握返回式卫星技术的国家。

2003年，杨利伟乘坐神舟五号飞船胜利完成了中国航天器首次载人航天飞行任务，实现了中华民族"飞天"的千年梦想。

2008年，神舟七号首次承载3名宇航员进入太空，宇航员翟志刚、刘伯明和景海鹏成功进行太空行走。

2016年，天宫二号空间实验室在酒泉卫星发射中心发射成功。

我国航天技术的发展日新月异，不断地刷新着中国航天纪录。

大家都在电视上见到过火箭发射的场景，那么火箭是怎样飞上高空的呢？

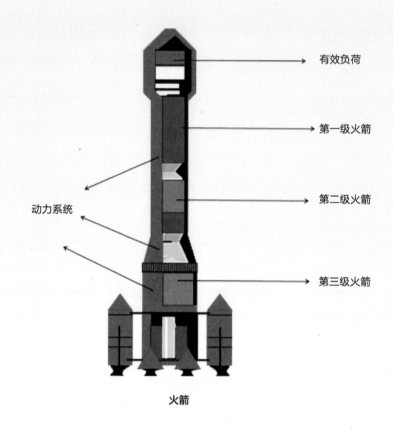

有效负荷

第一级火箭

动力系统

第二级火箭

第三级火箭

火箭

　　玩气球的时候，将气球吹满气后松开就会发现，气球可以自己在天空中喷着气飞舞。若是可以控制气球的喷气方向，那么气球能不能直直地飞上高空呢？大家可以自己用气球尝试一下。

　　人用力向前推动物体，自身受到冲击会向相反的方向移动。火箭升空的道理与之相同。将燃料燃烧产生的炽热气体通过火箭尾部的喷气管喷出，从而使火箭获得推动力，当推动力足够时火箭就可以飞上高空，这也是火箭升空时周围弥漫气体，并且在尾部形成一道气体轨迹的原因。

　　火箭的推进系统一般采用的是双组分动力原料，也就是燃烧材料和助燃材料的组合。在准备发射火箭前，将火箭中携带的双组分动

火箭升空时气体弥漫

力原料按一定比例混合，点燃后才能产生巨大的能量，推动火箭发射升空。燃烧材料和助燃材料的组合在航天领域还有一个专业的名字，叫作推进剂。燃料的特点是：具有较大的发热量；可以保证在使用和保存过程中具有安全性；对发动机结构材料的影响小；密度大，以保证能够携带足够量的燃料。

然而，在实际应用中并没有完美的燃料，我们需要做的是在现有的条件下保证燃料的综合性能达到最佳。相同质量的液体燃料相比于固体燃料会释放出更多的能量，产生的推力也更大；而且液体燃料容易控制，燃烧时间较长。因此，发射卫星的火箭大都采用液体燃料。

运载火箭是航天的基础和支柱，而液体火箭发动机则是运载火

箭的核心。氢氧火箭发动机，以液态氧为氧化剂，以液态氢为燃烧剂，能大幅降低火箭起飞重量，具有高性能、无污染等特点，成为大推力液体火箭发动机的首选。氢氧火箭发动机是世界火箭发动机技术发展的趋势之一，掌握氢氧火箭发动机技术是一个国家成为航天强国的标志之一。因此，研制大推力氢氧火箭发动机是国内外液体火箭发动机技术研究的发展趋势。

在氢氧火箭动力系统地面试验过程中，能够做到无废气、废水排放，实现了绿色环保航天地面试验基地建设，使宇宙空间探索与开发朝着无毒、无污、无废的绿色环保方向发展。

氢能源飞机

航空是排放温室气体的重要"参与者"，未来航空所造成的温室气体排放会越来越多，因此为飞机找到新的替代能源十分重要，使用更加洁净环保的氢能无疑是一种很好的选择。

2008 年，国外某公司成功试飞了以氢燃料电池为动力源的小型飞机。这架飞机在起飞及爬升过程中使用传统电池和氢燃料电池提供的混合电力，在爬升至海拔 1000 米巡航高度后切断传统电池电源，只使用氢燃料电池提供动力。这驾氢能源（燃料电池）飞机的试飞成功，预示氢燃料电池在航空领域的应用会越来越广，航空工业的未来也会更加环保。

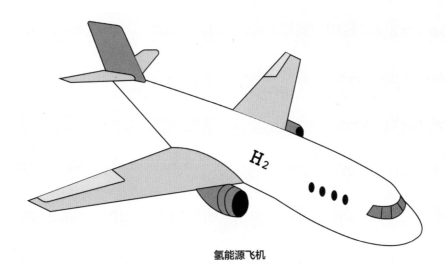

氢能源飞机

 我国的氢能源飞机发展

2012 年，我国第一架纯燃料电池无人机"飞跃一号"首次试飞成功。这架无人机，左、右翼尖之间的距离为 5 米，起飞重量 20 千克，巡航速度每小时 30 千米，飞行高度低于 2 千米，续航时间 2 小时。这架无人机的性能显示出它非常适用于环境监测、战场侦察等领域的特点。

2017 年，我国自主研制的首架氢燃料电池试验机在沈阳试飞成功。这架氢燃料电池试验机是由中国科学院大连化学物理研究所与辽宁通用航空研究院联合研制，飞机飞行高度为 320 米，全程零污染、零排放。

2019 年，我国研发的氢燃料电池无人机实现长达 331 分钟的不间断室外飞行。无人机在四川甘孜州的高原环境长续航飞行实验获得成功，这证明在大风、低温、低氧条件下，氢燃料电池性能相对稳定。

 知识拓展

　　宇宙中有许多人类发射的卫星，这些卫星在气象观测、导航、通信等诸多领域发挥着重要的作用，为人类社会的发展提供了巨大的帮助。卫星的发射离不开火箭，航天事业能获得如今的辉煌成就，离不开液体火箭发动机在其背后所做的贡献。从长征二号到长征七号，我国的液体火箭发动机技术愈发成熟，这也使我国运载火箭的发射能力得到了显著的提高，为我国空间站的建设、探月工程的发展打下了坚实基础。